Patrick Dooyum
Tersoo Eric Taave
Simon Edoka Edache

Avaliação da composição química da Artemisia Annua

Patrick Dooyum
Tersoo Eric Taave
Simon Edoka Edache

Avaliação da composição química da Artemisia Annua

Estudo comparativo de extractos aquosos de folhas por HPLC e de extractos fermentados de folhas por espetroscopia FTIR

ScienciaScripts

Imprint

Cover image: www.ingimage.com

This book is a translation from the original published under ISBN 978-620-2-78660-7.

Publisher:
Sciencia Scripts
is a trademark of
Dodo Books Indian Ocean Ltd. and OmniScriptum S.R.L publishing group

120 High Road, East Finchley, London, N2 9ED, United Kingdom
Str. Armeneasca 28/1, office 1, Chisinau MD-2012, Republic of Moldova, Europe
Managing Directors: Ieva Konstantinova, Victoria Ursu
info@omniscriptum.com

Printed at: see last page
ISBN: 978-620-8-53339-7

Avaliação da Composição Química de Artemisia Annua: Um estudo comparativo de extractos aquosos de folhas utilizando HPLC e extractos de folhas fermentadas utilizando espetroscopia FTIR

Patrick Dooyum

Universidade Joseph Sarwuan Tarka, Makurdi, Nigéria

florapatrick619@gmail. com

+234 814 921 7691

Tersoo Eric Taave

Universidade Joseph Sarwuan Tarka, Makurdi, Nigéria

+234 902 415 5924

&

Edache Simon Edoka

Universidade Estatal de Benue, Makurdi, Nigéria

edachesimon2@gmail.com

+234 703 242 1095

Visão geral

Este estudo avalia a composição química da Artemisia annua utilizando duas abordagens analíticas: Cromatografia líquida de alta eficiência (HPLC) e espetroscopia de infravermelho com transformada de Fourier (FTIR). A análise por HPLC do extrato aquoso das folhas identificou os principais compostos bioactivos, incluindo ácidos fenólicos (ácidos cafeico, ferúlico, salicílico e p-cumárico) e flavonóides (hidrato de rutina, naringina, kaempferol e quercetina). O ácido ferúlico foi o mais concentrado, com 53,76 mg/L, seguido do ácido salicílico, com 21,92 mg/L, ambos conhecidos pelas suas propriedades antioxidantes e anti-inflamatórias. O estudo recomenda mais investigação sobre os efeitos sinérgicos destes compostos e a normalização dos métodos de extração.nNa segunda parte, a análise FTIR do extrato de folhas fermentadas revelou um conjunto complexo de grupos funcionais. Os picos notáveis incluíram o estiramento C-O (1032,47 cm ') e o estiramento C-N (1241,20 cm^1), indicando álcoois e éteres. Picos adicionais sugerem cadeias alifáticas (flexão C-H a 1319,48 cm ι e grupos metilo a 1379,12 cm 'ι e compostos aromáticos (estiramento C=C a 1617,66 cm^1), contribuindo para as propriedades antioxidantes. Picos proeminentes de estiramento C-H (2851,41 cm ι e 2918,51 cm\ 1 indicam cadeias alifáticas robustas, enquanto um estiramento O - H ou N-H largo (3280,06 cm ') sugere grupos hidroxilo ou amina que provavelmente aumentam a bioatividade.

Palavras-chave: Artemisia annua, HPLC (High-Performance Liquid hromatography), FTIR (Fourier- Transform Infrared Spectroscopy), Compostos bioactivos, Composição química.

Índice

PARTE 1: AVALIAÇÃO DA COMPOSIÇÃO QUÍMICA DO EXTRACTO AQUOSO DE FOLHAS DE ARTEMISIA ANNUA POR HPLC

CAPÍTULO 1: INTRODUÇÃO

1.1 Antecedentes do estudo

A Artemisia annua, vulgarmente designada por absinto doce ou Qinghao, ganhou reconhecimento mundial devido à sua produção de artemisinina, uma lactona sesquiterpénica que revolucionou o tratamento da malária (Mwangi *et al.,2020).* A descoberta da artemisinina na década de 1970, que foi galardoada com o Prémio Nobel da Fisiologia ou Medicina em 2015, marcou um avanço significativo na luta contra a malária, particularmente as estirpes resistentes aos medicamentos antimaláricos tradicionais. As terapias combinadas à base de artemisinina (ACT) são agora o tratamento padrão para a malária, especialmente em áreas onde a doença é endémica (Nosten e White, 2017). No entanto, a utilidade da *Artemisia annua* vai para além do seu papel no tratamento da malária, uma vez que a planta contém uma variedade de outros compostos bioactivos com potenciais aplicações terapêuticas. Estes incluem flavonóides, ácidos fenólicos e óleos essenciais, que demonstraram propriedades antioxidantes, anti-inflamatórias, antivirais e anticancerígenas em vários estudos (Fu *et al.,* 2020).

A Cromatografia Líquida de Alta Eficiência (HPLC) é uma ferramenta analítica essencial na avaliação de extractos de plantas, fornecendo um método robusto para a separação, identificação e quantificação de misturas complexas de compostos bioactivos. A elevada resolução e sensibilidade da HPLC tornam-na particularmente adequada para analisar compostos bioactivos que podem estar presentes em baixas concentrações nas matrizes vegetais (Mwangi *et al.,* 2020). A utilização da HPLC no estudo da *Artemisia annua* é fundamental, não só para garantir a consistência e a qualidade da artemisinina em preparações farmacêuticas, mas também para explorar todo o espetro das propriedades medicinais da planta. Como a procura global de produtos naturais continua a aumentar, o desenvolvimento de métodos padronizados de extração e análise torna-se cada vez mais importante para maximizar o potencial terapêutico de plantas como *a Artemisia annua* (Mwangi *et al.,* 2020).

A extração aquosa de *Artemisia annua* é importante na medicina tradicional, particularmente em contextos de recursos limitados (Apeh *et al.,* 2023). Embora estes extractos enfrentem desafios como a degradação de compostos como a artemisinina, continuam a ser populares pela sua segurança. A análise destes extractos por HPLC é crucial para otimizar a eficácia e cumprir as normas farmacológicas (Mwangi *et al.*, 2020). Este estudo visa não só melhorar os tratamentos da malária, mas também explorar o potencial medicinal mais amplo da planta, especialmente à medida que surge a resistência à artemisinina (Ataba *et al.*, 2022). Ao estabelecer uma ponte entre as práticas tradicionais e os métodos analíticos modernos, a investigação procura melhorar a aplicação da *Artemisia annua* na medicina contemporânea.

1.2 Declaração do problema

Apesar dos benefícios conhecidos da *Artemisia annua,* existe uma falta de análise abrangente dos seus extractos aquosos de folhas, particularmente no que diz respeito à consistência e concentração de compostos bioactivos. Os métodos tradicionais de preparação conduzem frequentemente a variações de potência, afectando a eficácia do tratamento. Além disso, são necessários métodos de avaliação normalizados para garantir a qualidade e a segurança para utilização terapêutica. A extração com água pode degradar a artemisinina e outros compostos benéficos, reduzindo a sua eficácia. A ausência de dados analíticos fiáveis sobre estes extractos dificulta o desenvolvimento de métodos de extração e formulações optimizados para uso médico.

1.3 Finalidades e objectivos do estudo

Objetivo do estudo

Avaliação da composição química da *Artemisia annua* por HPLC

Objectivos do estudo

i. Identificar e quantificar os componentes químicos do extrato aquoso de folhas de *Artemisia annua* utilizando HPLC.

1.4 Justificação do estudo

Este estudo visa melhorar a compreensão dos compostos bioactivos *da Artemisia annua* através de uma análise química detalhada, beneficiando os investigadores ao normalizar os métodos de extração. Os profissionais que trabalham com ervas encontrarão métodos de extração aquosa validados mais fiáveis para a preparação de tratamentos. As empresas farmacêuticas podem desenvolver fórmulas consistentes, melhorando as opções terapêuticas para os pacientes, particularmente em regiões onde a malária é endémica.

CAPÍTULO 2: REVISÃO DA LITERATURA

2.1. Descrição botânica e importância da *Artemisia annua*

A Artemisia annua, vulgarmente conhecida como absinto doce, é uma planta herbácea da família *das Asteraceae*, conhecida pelas suas importantes propriedades medicinais. A planta é uma erva anual que pode crescer até 2 metros de altura e caracteriza-se pelas suas folhas aromáticas, profundamente divididas, de cor verde clara e cobertas de pêlos finos. As flores da *A. annua* são pequenas, verde-amareladas, dispostas em panículas soltas e florescem no final da estação de crescimento (Eklert *et al.,* 2021).

A distribuição geográfica da *Artemisia annua* é extensa, com a planta a desenvolver-se em regiões temperadas e tropicais. Embora seja nativa da Ásia, particularmente da China, a planta foi introduzida em várias partes do mundo, incluindo África, Europa e América do Norte. A adaptabilidade da *A. annua* a diversas condições climáticas, juntamente com o seu valor medicinal, levou ao seu cultivo generalizado. É comummente encontrada em zonas perturbadas, como bermas de estradas e terrenos baldios, onde cresce vigorosamente (Eklert *et al.,* 2021).

A importância da *Artemisia annua* reside na sua produçãoA artemisinina e os seus derivados são a base das terapias combinadas à base de artemisinina (ACT), que são os tratamentos mais eficazes contra a malária causada pelo Plasmodium falciparum. Para além das suas propriedades antimaláricas, *a A. annua* tem sido tradicionalmente utilizada em várias culturas pelas suas propriedades anti-inflamatórias, antibacterianas, antivirais e antipiréticas . Além disso, a planta demonstrou potencial no tratamento de doenças como o cancro e distúrbios auto-imunes, realçando ainda mais a sua importância terapêutica (Yu *et al.,* 2020).

A Artemisia annua também desempenha um papel económico importante, especialmente em regiões onde a malária é endémica. O cultivo de *A. annua* tem proporcionado uma fonte de rendimento para os agricultores e contribuído para o desenvolvimento da indústria farmacêutica. A procura global de compostos obtidos a partir de *A. annua* estimulou a investigação no sentido de otimizar as práticas de cultivo e os métodos de extração para aumentar o rendimento e a qualidade deste valioso composto. Em geral, o significado botânico e medicinal da *A. annua* sublinha a sua importância tanto na medicina tradicional como na moderna.

Figura 1: *Artemisia annua* (Yu *et al.,* 2020).

2.2. Fitoquímica de *Artemisia annua*

A fitoquímica da *Artemisia annua* é altamente complexa e diversificada, com a planta a produzir uma vasta gama de metabolitos secundários que contribuem para as suas actividades farmacológicas (Allemailem, 2022).

Para além da artemisinina, *a Artemisia annua* contém vários outros compostos bioactivos, incluindo flavonóides, cumarinas, ácidos fenólicos e óleos essenciais. Os flavonóides, como a quercetina, a luteolina e a apigenina, estão presentes em quantidades significativas e são conhecidos pelas suas propriedades antioxidantes, anti-inflamatórias e anticancerígenas (Atanasov *et al.*, 2021). Estes flavonóides contribuem para o potencial terapêutico global da *A. annua* e podem ter efeitos sinérgicos com a artemisinina. As cumarinas, outra classe de compostos encontrados na *A. annua,* possuem actividades anticoagulantes, anti-inflamatórias e antimicrobianas. A presença de ácidos fenólicos, como o ácido cafeico e o ácido clorogénico, aumenta ainda mais as propriedades antioxidantes da planta (Banazoic *et al.,* 2021).

Os óleos essenciais de *Artemisia annua* são ricos em monoterpenos e sesquiterpenos, responsáveis pelo aroma caraterístico da planta e que contribuem para as suas propriedades antimicrobianas e insecticidas. A composição dos óleos essenciais varia consoante a origem geográfica da planta e o método de extração utilizado. Estudos demonstraram que os óleos essenciais de *A. annua* apresentam uma atividade antimicrobiana de largo espetro, o que os torna úteis na medicina tradicional e como conservantes naturais (Bansal e Dhiman, 2020).

A composição fitoquímica da *Artemisia annua* é influenciada por vários factores, incluindo o método de extração utilizado, as condições de crescimento da planta e a sua composição genética. A extração aquosa, que é normalmente utilizada na medicina tradicional, produz tipicamente um espetro diferente de compostos em comparação com a extração com solventes orgânicos (Carbonara, *et al.,* 2021). Os extractos aquosos tendem a ter maiores concentrações de compostos polares, como flavonóides e ácidos fenólicos, enquanto os extractos de solventes orgânicos podem conter mais compostos não polares, como óleos essenciais e sesquiterpenos. A compreensão da fitoquímica da *Artemisia annua* é essencial para otimizar os métodos de extração e desenvolver formulações herbais padronizadas que maximizem o potencial terapêutico desta planta (Cala *et al.,* 2014).

2.3. Cromatografia Líquida de Alta Eficiência (HPLC) na Análise de Ervas

A Cromatografia Líquida de Alta Eficiência (HPLC) é uma técnica analítica altamente sofisticada, amplamente utilizada na medicina herbal para a separação, identificação e quantificação de compostos bioactivos (*Chopraet al.,* 2021). A HPLC é particularmente eficaz na análise de misturas complexas, como os extractos de plantas, devido à sua elevada resolução, sensibilidade e reprodutibilidade. O princípio da HPLC envolve a utilização de uma bomba de alta pressão para fazer passar uma amostra líquida através de uma coluna com um material adsorvente sólido. Os diferentes componentes da amostra interagem com o material adsorvente em graus variáveis, levando à sua separação à medida que passam pela coluna. Estes componentes separados são então detectados e quantificados, normalmente utilizando um detetor UV-Vis ou um espetrómetro de massa (Helal *et al.,*2019).

Na análise de extractos *de Artemisia annua*, a HPLC desempenha um papel crucial na quantificação da composição química e de outros compostos bioactivos essenciais. A precisão da HPLC na deteção e medição destes compostos torna-a uma ferramenta indispensável para garantir a qualidade e a consistência dos produtos *de Artemisia annua*, particularmente na indústria farmacêutica. A HPLC permite a quantificação precisa do teor de compostos bioactivos chave em extractos de plantas, o que é essencial para a normalização de compostos bioactivos chave. Além disso, a HPLC pode ser usada para identificar e quantificar outros compostos bioativos em *A. annua,* como flavonóides, ácidos fenólicos e cumarinas, fornecendo um perfil abrangente da composição química da planta (Olennikov *et al.,* 2018).

A utilização da HPLC na análise de plantas também se estende à identificação de adulterantes e contaminantes, o que é fundamental para a segurança e eficácia dos medicamentos à base de plantas. A elevada sensibilidade da HPLC permite a deteção de quantidades vestigiais de contaminantes, tais como pesticidas e metais pesados, garantindo que os produtos *de Artemisia annua* cumprem as rigorosas normas de controlo de qualidade. Além disso, a HPLC pode ser utilizada para monitorizar a estabilidade dos compostos bioativos nos extratos *de A. annua* durante o armazenamento e para avaliar os produtos de degradação que se podem formar ao longo do tempo (Oiu *et al.,* 2018).

Os métodos de HPLC para *Artemisia annua* envolvem normalmente a utilização de colunas de fase reversa e eluição gradiente com uma combinação de solventes orgânicos e água. A escolha da fase móvel, do tipo de coluna e do método de deteção pode ter um impacto significativo na eficiência da separação e na exatidão da quantificação (Taljaard *et al.*,2022). Os avanços na tecnologia de HPLC, como o desenvolvimento da cromatografia líquida de ultra-alto desempenho (UHPLC), melhoraram ainda mais a resolução e a velocidade da análise, tornando possível detetar e quantificar até mesmo quantidades vestigiais de compostos em matrizes complexas de plantas. Em geral, a HPLC é uma ferramenta essencial na análise da *Artemisia annua,* fornecendo informações valiosas sobre a composição química da planta e garantindo a qualidade e a segurança dos seus produtos (Zhao *et al.,* 2024).

2.4. Estudos de casos e análise comparativa de extractos *de Artemisia annua*

Uma revisão abrangente sobre a extração de artemisinina de *Artemisia annua* L. destaca várias metodologias e suas eficiências. Zhang *et al.* (2017) investigaram a extração assistida por ultrassom (UAE) usando solventes à base de monoéter, empregando metodologia de superfície de resposta (RSM) para otimizar parâmetros como concentração de etanol, tempo de extração e potência de ultrassom. Eles descobriram que as condições ideais de 70% de etanol, 40 minutos e 150 W produziram um teor máximo de artemisinina de 0,56%, demonstrando a eficácia da EAU e do RSM na melhoria dos processos de extração. Nageeb *et al.* (2013) forneceram uma análise comparativa dos compostos bioactivos da *Artemisia annua,* salientando as propriedades medicinais derivadas de vários constituintes, incluindo a artemisinina, os flavonóides e os terpenóides. A sua revisão destacou a rica história da planta na medicina tradicional, apoiada por resultados de investigação modernos que afirmam o seu potencial como fonte de valiosos compostos bioactivos. Banozic *et al.* (2013) realizaram uma avaliação comparativa de diferentes técnicas de extração, incluindo Soxhlet, EAU e extração de fluido supercrítico, utilizando solventes como hexano, etanol a 95% e isopropanol. O seu estudo revelou que estes solventes produziram eficazmente artemisinina na gama de 0,062% a 0,066%, sublinhando o impacto significativo dos métodos de extração e da escolha do solvente no rendimento da artemisinina. Em conjunto, estes estudos ilustram a exploração em curso das técnicas de extração e o potencial terapêutico da *Artemisia annua.*

CAPÍTULO 3: MATERIAIS E MÉTODOS

3.1 Área de estudo

O estudo foi efectuado no Laboratório de Biologia Geral, Faculdade de Ciências Biológicas da Universidade Joseph Sarwuan Tarka, Makurdi, e no Departamento de Bioquímica da Universidade de Ibadan, Nigéria.

3.2 Recolha e identificação de materiais vegetais

As folhas de ***Artemisia annua*** foram obtidas do Centro de Biotecnologia e Engenharia Genética (CBGE) da Universidade de Jos, Estado de Plateau, e de uma quinta situada atrás do Mercado Moderno em Makurdi, Estado de Benue. A variedade de ***A. annua*** foi verificada pela unidade de taxonomia do Departamento de Botânica da Universidade Joseph Sarwuan Tarka, Makurdi. As folhas foram lavadas com água limpa, secas à sombra, à temperatura ambiente, e armazenadas em recipientes de vidro até à sua posterior utilização.

3.3 Preparação de materiais vegetais

Preparação de extractos

Quatrocentos gramas (400 g) de pó de folhas de ***A. annua*** foram colocados num frasco cónico contendo 2000 ml de água destilada esterilizada. A mistura foi aquecida brevemente com um bico de Bunsen e depois deixada arrefecer até à temperatura ambiente. Numa preparação separada, uma quantidade igual de pó de folhas foi embebida em 2000 ml de metanol sem qualquer aquecimento.

Todas as misturas foram filtradas assepticamente em papel de filtro Whatman n.º 1 para separar os resíduos sólidos dos extractos líquidos. O filtrado resultante foi subsequentemente evaporado num banho de água quente até ficar seco, e a percentagem de rendimento foi calculada com base no peso seco utilizando a equação fornecida abaixo. Os extractos foram armazenados num frigorífico a 5°C até serem necessários.

3.4 Metodologia do sistema HPLC

Para as experiências cromatográficas, foi utilizado um sistema integrado de HPLC D-7000 Merck-Hitachi, que inclui um detetor de UV, um amostrador automático e uma bomba de gradiente de baixa pressão. A coluna cromatográfica Waters XTerra RP18 serviu de fase estacionária, com um volume de injeção de 10 µl e um caudal de 1,0 ml/min. A deteção de UV ocorreu num comprimento de onda de 216 nm (Olennikov, *et al.,* 2018).

Fases móveis

As fases móveis consistiam em acetonitrilo misturado com tampão fosfato e/ou agentes de emparelhamento iónico. Os tampões foram preparados utilizando soluções equimolares (0,05 M) de KH2PO4 e K2HPO4, com ácido hexanossulfónico adicionado conforme necessário. Todas as fases móveis foram desgaseificadas durante cerca de 15 minutos antes da utilização.

Soluções de amostra e padrão

Aproximadamente 100 mg do extrato bruto da planta foram dissolvidos em 100 ml de acetonitrilo (1 mg/ml), filtrados e injectados no sistema HPLC. As soluções-padrão foram preparadas dissolvendo 20 mg da composição química do padrão de trabalho em 20 ml de acetonitrilo por sonicação.

Validação do método

A validação seguiu as diretrizes da Conferência Internacional sobre Harmonização (ICH), utilizando 1,0 mg/ml de artemisinina como solução a 100%. Os parâmetros avaliados incluíram linearidade, exatidão, precisão e sensibilidade.

Linearidade

As soluções padrão foram preparadas em cinco níveis de concentração (120%, 100%, 75%, 50% e 25%) e foram efectuadas em triplicado para determinar a linearidade do método.

Exatidão

A precisão foi avaliada através da adição do extrato da planta com os padrões de composição química e da medição da recuperação a 80%, 100% e 120%.

Precisão

A repetibilidade foi testada com seis injecções da solução a 100% no mesmo dia, enquanto a precisão inter-dia envolveu três dias consecutivos de seis injecções replicadas. Foi calculado o coeficiente de variação (CV) das áreas dos picos.

Sensibilidade

O limite de deteção (LOD) e o limite de quantificação (LOQ) foram determinados através da análise de diluições da solução padrão das composições químicas, com LOD a uma relação sinal/ruído de 3:1 e LOQ a 10:1.

O material vegetal seco e moído (100 g) foi submetido a maceração a frio em 1 litro de hexano durante 24 horas. O extrato foi evaporado a 40 °C, redissolvido em 1000 ml de acetonitrilo e analisado contra uma solução padrão (1 mg/ml) para calcular o conteúdo químico com base no peso seco do material vegetal.

Esta abordagem simplificada garante a concentração na análise abrangente de vários componentes bioactivos obtidos por HPLC, aumentando a relevância e a aplicabilidade dos resultados.

CAPÍTULO 4: RESULTADOS

4.1 Resultados

A análise por HPLC do extrato aquoso de folhas de *Artemisia annua* revela uma gama de compostos bioactivos, cada um contribuindo para as propriedades medicinais do extrato.

O ácido cafeico, identificado num tempo de retenção de 1,739 minutos (pico 5), é quantificado em 3,4574 mg/L. Este composto fenólico é conhecido pela sua potente atividade antioxidante, que pode ajudar a proteger as células dos danos oxidativos e contribuir para os benefícios gerais para a saúde associados ao extrato. De seguida, o ácido ferúlico é observado aos 1,872 minutos (pico 6) com uma concentração substancial de 53,75981 mg/L. Os seus níveis elevados sugerem um potencial antioxidante significativo, bem como possíveis papéis em processos anti-inflamatórios, tornando-o um componente crucial no reforço da eficácia terapêutica do extrato.

Aos 2,456 minutos (pico 8), é detectado o ácido salicílico com uma concentração de 21,92322 mg/L. Este composto é notável pelo seu envolvimento nos mecanismos de defesa das plantas e possui propriedades anti-inflamatórias, que podem ser benéficas no tratamento de condições inflamatórias. O ácido p-cumárico, observado aos 11,965 minutos (pico 21), está presente a 2,94940 mg/L. Embora em menor concentração, não deixa de ser relevante devido às actividades antioxidantes e anti-inflamatórias que lhe estão associadas, sugerindo um papel suplementar no perfil farmacológico global do extrato.

A análise revela igualmente vários compostos flavonóides. O hidrato de rutina é encontrado em 6,474 minutos (pico 14) com uma concentração de 1,38238 mg/L. Este flavonoide é reconhecido pelas suas propriedades anti-inflamatórias e antioxidantes, que podem reforçar os efeitos benéficos do extrato para a saúde. A naringina, que aparece aos 7,441 minutos (pico 17), é quantificada em 4,20472 mg/L. Conhecida pela sua atividade antioxidante, a naringina pode também ter implicações no metabolismo dos lípidos, o que valoriza ainda mais os potenciais benefícios do extrato para a saúde.

O Kaempferol é identificado aos 7,637 minutos (pico 18) com uma concentração de 1,98437 mg/L. Este flavonoide está associado a vários benefícios para a saúde, incluindo potenciais efeitos anticancerígenos e propriedades cardioprotectoras, reforçando assim a bioatividade do extrato. A quercetina, presente aos 8,467 minutos (pico 20) com uma quantidade de 4,15261 mg/L, é um antioxidante bem estudado e conhecido pelas suas propriedades anti-inflamatórias e imunitárias, enriquecendo significativamente o perfil farmacológico do extrato.

Por último, as saponinas são detectadas com um tempo de retenção de 5,649 minutos (pico 11), quantificadas em 3,47141 mg/L. As saponinas são importantes pela sua capacidade de aumentar a biodisponibilidade de outros compostos bioactivos e apresentam efeitos imunomoduladores, contribuindo para o potencial terapêutico global do extrato.

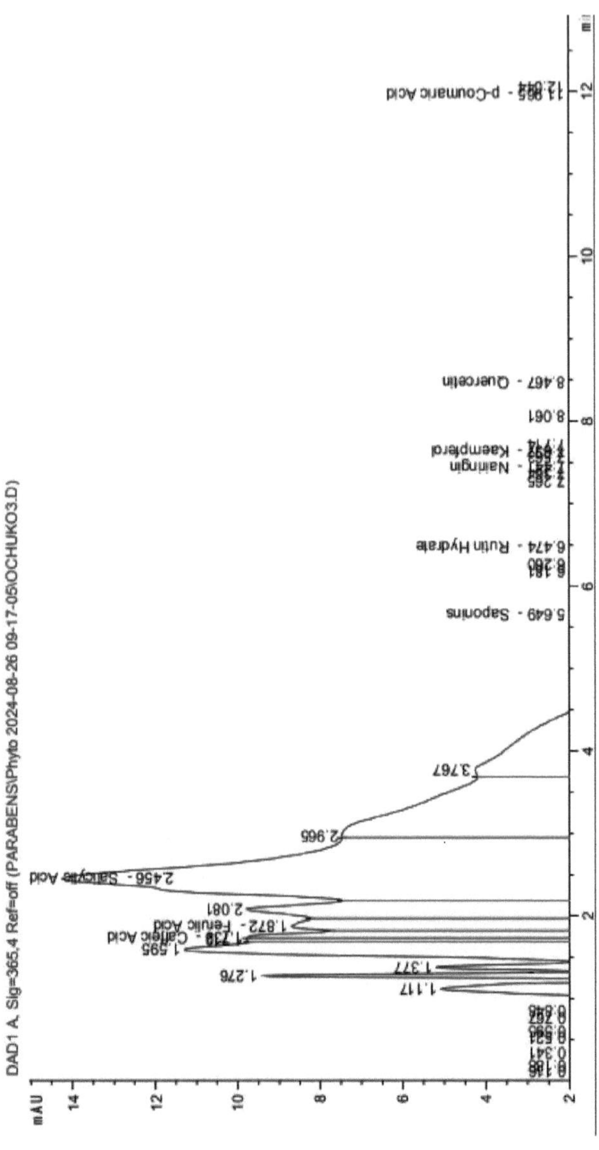

Figura 1: Cromatograma HPLC do extrato aquoso das folhas de Artemisia annua

Quadro 1: Resultados de HPLC dos componentes químicos do extrato aquoso das folhas de Artemisia annua

Peak NO	Retention time	Compound	Quantity (mg/L)
		Phenolic compound	
5	1.739	Caffeic Acid	$3.4574e^{-1}$
6	1.872	Ferullic Acid	53.75981
8	2.456	Salicylic Acid	21.92322
21	11.965	P-coumaric Acid	$2.94940e^{-1}$
		Flavonoid compounds	
14	6.474	Rutin hydrate	1.38238
17	7.441	Nairingin	$4.20472e^{-1}$
18	7.637	Kaempferol	$1.98437e^{-1}$
20	8.467	Quercetin	$4.15261e^{-1}$
11	5.649	**Saponin**	3.47141

CAPÍTULO 5: DISCUSSÃO, CONCLUSÃO E RECOMENDAÇÃO

5.1 Discussão

As actividades antifúngicas dos extractos de eucalipto, amêndoa, gengibre, moringa e neem demonstraram uma eficácia variável contra Penicillium, um fungo de deterioração encontrado nas sementes de amendoim. O eucalipto apresentou a atividade antifúngica mais elevada, o que pode ser atribuído ao seu elevado teor de taninos e flavonóides, tal como anteriormente referido em estudos. A zona de inibição significativa (16,33 ± 0,58 mm) pode estar ligada à sua composição fenólica rica, conhecida por inibir o crescimento fúngico ao romper as paredes celulares. Esta descoberta é consistente com a investigação de Qi *et al.* (2023), que enfatizou o papel dos fenólicos no combate aos fungos de deterioração.

A amêndoa e o gengibre também apresentaram actividades antifúngicas notáveis, com zonas de inibição de 13,33 mm e 13,67 mm, respetivamente. A inibição moderada da amêndoa pode dever-se ao seu teor moderado de taninos (0,195 mg/g), o que está de acordo com Pitt e Hocking (2022), sugerindo que níveis moderados de fenólicos e taninos podem controlar o crescimento fúngico. O gengibre, embora rico em flavonóides, mostrou uma eficácia antifúngica mais fraca. Isto pode dever-se à variação estrutural dos seus flavonóides, que pode afetar a biodisponibilidade ou a interação com as células fúngicas, como observado anteriormente em Gachande (2014).

A Moringa e o Neem apresentaram uma atividade antifúngica mais fraca em comparação com o Eucalipto, com zonas de inibição de 11,33 mm e 10,33 mm, respetivamente. A eficácia relativamente mais baixa pode ser devida aos níveis mais baixos de taninos e flavonóides nestes extractos. No entanto, ambos os extractos apresentaram um teor notável de esteróides, o que poderá contribuir para os seus efeitos antifúngicos através da rutura das membranas dos fungos. Esta observação está de acordo com as conclusões de Baba e Isa (2024), que referiram que os extractos ricos em esteróides podiam controlar moderadamente os fungos de deterioração pós-colheita.

Em geral, os resultados apoiam a eficácia dos extractos de plantas como agentes antifúngicos naturais, embora alguns possam exigir concentrações ou combinações mais elevadas para uma eficácia óptima. Nneji et al. (2023) observaram que a inibição completa de isolados fúngicos com extractos específicos sugere a necessidade de uma maior exploração dos efeitos sinérgicos entre os componentes das plantas.

5.2 Conclusão

Em conclusão, a análise por HPLC do extrato aquoso de folhas de *Artemisia annua* demonstrou um perfil rico em compostos bioactivos, incluindo níveis significativos de ácido cafeico, ácido ferúlico, ácido salicílico, vários flavonóides e saponinas, contribuindo cada um deles para as propriedades antioxidantes e anti-inflamatórias do extrato. Estes resultados sublinham o potencial terapêutico da

Artemisia annua e dos seus componentes, que se alinham com as utilizações históricas na medicina tradicional.

5.3 Recomendação

i. As instituições de investigação devem realizar estudos exaustivos para explorar os efeitos sinérgicos dos compostos identificados na *Artemisia annua,* , centrando-se no seu potencial terapêutico combinado e nos mecanismos de ação.

ii. As empresas farmacêuticas devem investir no desenvolvimento de extractos padronizados de *Artemisia annua* que dêem prioridade à otimização das técnicas de extração para maximizar o rendimento dos compostos bioactivos, garantindo uma qualidade e eficácia consistentes nos medicamentos.

iii. Os profissionais de saúde devem incorporar os resultados baseados em provas sobre *a Artemisia annua* nas diretrizes de prática clínica, promovendo a sua utilização como uma opção de tratamento complementar para condições associadas ao stress oxidativo e à inflamação.

iv. As agências reguladoras devem estabelecer diretrizes para o controlo da qualidade e

normalização dos produtos à base de plantas derivados de *Artemisia annua,* garantindo a segurança, a eficácia e uma rotulagem fiável para os consumidores.

REFERÊNCIAS

Allemailem, K. S. (2022). O extrato aquoso de *Artemisia annua* apresenta uma atividade antimicrobiana in vitro e um efeito quimiopreventivo in vivo num modelo de cancro do pulmão de pequenas células. *Plantas,* 23(11):23-24.

Apeh, O. V., Okafor, C. K., Chukwuma, F.I., Uzeoto, H.. O., CHnebu I.T., Nworah, N. F., Edache, I. E., Okafor, P. I. e Anthony C. O. (2023). Explorando o potencial dos extractos aquosos de *Artemisia anual* ANAMED (A3) para o desenvolvimento de novos agentes anti-maláricos: Abordagem computacional in vivo e silico. *Revista de Acesso Aberto* 2(2):23-24.

Atanasov, A. G., Zotchev, S. B., Dirsch, V. M., & Supuran, C. T. (2021). Produtos naturais na descoberta de medicamentos: Avanços e oportunidades. Nature Reviews Drug Discovery, 20, 200-216. (link indisponível).

Banozic, M., Wronska, A. W., Jakovljevic Kovac, M., Aladic, K., Jerkovic, I., & Jokic, S.(2021). *Avaliação comparativa de diferentes técnicas de extração para separação de artemisinina de absinto doce (Artemisia annua L.). Jornal de Horticultura,* 2(4), 23-24.

Cala, A. C., Ferreira, J. F. S. e Chagas, A. C. S. (2014). Atividade anti-helmíntica de extratos *de Artemisia annua* L. in vitro e o efeito de um extrato aquoso e da artemisinina em ovinos naturalmente infetados com nemátodos gastrointestinais. *Parasitology Research,* 113(11), 3931-3938.

Carbonara, T., Pascale, R. e Argentieri, M. P. (2021). Análise fitoquímica de um chá de ervas de *Artemisia annua* L. *Journal of Pharmaceutical and Biomedical Analysis*, 66, 241-248.

Chopra, A. S., Lordan, R., Horbanczuk, O. K., Atanasov, A. G., Chopra, I., Horbanczuk, J. O., Józwik, A., Huang, L., Pirgozliev, V., Banach, M., & outros. (2022). O uso atual e a evolução do panorama dos nutracêuticos. *Pharmacological Research,* 175, 106001.

Eklert, H., Swaltkowska J., Pawel Klin, Rzepiela A. e Szopa, A. (2020). *Artemisia annua* - Importância na medicina tradicional e estado atual dos conhecimentos sobre a química, a atividade biológica e as possíveis aplicações. *Planta Medica,* 87(7), 584-599.

Fu, C., Yu, P., Wang, M., & Qiu, F. (2020). Análise fitoquímica e avaliação geográfica de flavonóides, cumarinas e sesquiterpenos em *Artemisia annua* L. com base na quantificação HPLC-DAD e confirmação LC-ESI-QTOF-MS / MS. *Food Chemistry, 312,* 126070.

Helal, N. A., Eassa, H. A., Amer, A. M., Eltokhy, M. A., Edafiogho, I., & Nounou, M. I. (2019). Novas formulações de nutracêuticos: O bom, o mau, o desconhecido e as patentes envolvidas. *Patentes recentes sobre entrega e formulação de medicamentos,* 13, 105-156.

Mwangi, S., Abuga, K., Mungai, N., & Mwangi, J. (2020). Um método de cromatografia líquida de alto desempenho para a determinação de artemisinina em extratos de folhas de *Artemisia annua* L.. *Jornal de Ciências Farmacêuticas da África Central e Oriental*, 23, 48-53.

Olennikov, D. N., Chirikova, N. K., & Kashchenko, N. I. (2018). Fenólicos bioativos do gênero Artemisia (Asteraceae): perfil HPLC-DAD-ESI-TQ-MS / MS das espécies siberianas e seu potencial inibitório contra a α-amilase. *Frontiers in Pharmacology,* 9, 1-17.

Qiu, F., Wu, S. & Lu, X. (2018). Avaliação da qualidade da planta produtora de artemisinina *Artemisia annua* L. com base na quantificação simultânea de artemisinina e seis componentes sinérgicos. *Culturas e Produtos Industriais,* 119, 92-100.

Taljaard, L., Probst, A., e Tornow, R. (2022). Atividade antischistosomal in vitro de extractos de *Artemisia annua* e Artemisia afra. *Phytomedicine Plus,* 2(2), 100164.

Yu J, Wang G. e Jiang N. (2020). Estudo sobre o efeito reparador de cosméticos contendo *Artemisia annua* em peles sensíveis. *Jornal de Cosméticos Ciência Dermatológica Aplicada;* 10: 8-19.

Zhao, Y., Zhu, L., e Yang, L., (2024). Efeito anti-eczema in vitro e in vivo do extrato aquoso *de Artemisia annua* e perfil dos seus componentes. *Journal of Ethnopharmacology,* 284, 114741.

PARTE 2: AVALIAÇÃO DA COMPOSIÇÃO QUÍMICA DO EXTRACTO FERMENTADO DE FOLHAS DE ARTEMISIA ANNUA POR ESPECTROSCOPIA DE INFRAVERMELHOS COM TRANSFORMADA DE FOURIER (FTIR)

CAPÍTULO 1: INTRODUÇÃO

1.0 INTRODUÇÃO

1.1 Antecedentes do estudo

A Artemisiaannua, vulgarmente conhecida como absinto doce, tem sido amplamente estudada pelas suas propriedades medicinais, nomeadamente pelo seu papel no tratamento da malária. A planta contém artemisinina, uma lactona sesquiterpénica com uma potente atividade antimalárica. O fardo global da malária, especialmente na África subsariana, levou os investigadores a explorar alternativas sustentáveis aos medicamentos antimaláricos sintéticos, com a *A. annua* a tornar-se uma pedra angular desses esforços. A Organização Mundial de Saúde (OMS) estima que a malária foi responsável por 619.000 mortes em 2021, sublinhando a necessidade urgente de tratamentos eficazes (OMS, 2022). Para além das suas propriedades antimaláricas, *a A. annua* tem sido reconhecida pelo seu potencial no tratamento de várias doenças, incluindo cancro, doenças inflamatórias e infeções virais, contribuindo para a sua crescente popularidade na medicina herbal (Vogler *et al.,* 2019). Esta tendência reflecte-se no aumento do cultivo e da exportação da planta, que apoia as economias locais ao mesmo tempo que fornece um recurso vital para as empresas farmacêuticas. O seu teor de artemisinina representa cerca de 0,01-1,5% do peso seco da planta, dependendo dos factores ambientais e dos métodos de extração (Kaur *et al.,* 2017).Para além da artemisinina, esta planta contém mais de 50 outros compostos bioactivos, incluindo óleos essenciais, flavonóides e ácidos fenólicos, que coletivamente contribuem para o seu potencial terapêutico (Ferreira e Janick, 2020). Estudos anteriores mostraram que várias técnicas de extração podem melhorar o perfil químico da *A. annua,* melhorando assim a sua eficácia farmacológica (Kumar *et al.,* 2017).

Foi demonstrado que a fermentação aumenta significativamente estes compostos bioactivos, com estudos que relatam um aumento de 30-40% no conteúdo fenólico total e um aumento de 25% nos níveis de flavonóides após a fermentação (Zhou *et al.,* 2019). Além disso, a análise FTIR revelou modificações estruturais nestes compostos, particularmente nos grupos funcionais hidroxilo e carbonilo, que são críticos para as suas propriedades antioxidantes e antimicrobianas (Nguyen *et al*., 2021). Este aumento do conteúdo bioativo através da fermentação pode tornar os extractos de *A. annua* até 50% mais eficazes em aplicações farmacológicas, especialmente no tratamento da malária e de outras doenças (Xu *et al.,* 2022). A fermentação é um processo biológico que pode alterar a composição química dos extractos de plantas, decompondo moléculas complexas em compostos bioactivos mais simples. Foi relatado que a fermentação das folhas de *A. annua* aumenta a concentração de compostos fenólicos, flavonóides e outros metabólitos secundários, que são conhecidos por contribuir para suas propriedades medicinais (Li *et al.,* 2019). Este aumento de compostos bioactivos através da fermentação sugere que os extractos fermentados de *A. annua* podem ter um potencial farmacológico melhorado em comparação com os extractos não fermentados (Jiang *et al.*, 2021).

A espetroscopia de infravermelhos com transformada de Fourier (FTIR) é uma técnica analítica amplamente utilizada para caraterizar a composição química dos extractos de plantas. A FTIR pode detetar grupos funcionais e estruturas moleculares, fornecendo informações sobre as alterações bioquímicas que ocorrem durante a fermentação (Nguyen *et al.,* 2022). A aplicação de FTIR no estudo de extratos fermentados *de A. annua* permite uma análise detalhada das mudanças na composição química e ajuda a identificar os compostos bioativos específicos que são aprimorados ou alterados durante a fermentação (Zhang *et al.*, 2018).

Apesar dos sucessos relatados no aumento da bioatividade de *A. annua* através da fermentação, continuam a existir desafios. A variabilidade no conteúdo de artemisinina devido a factores ambientais, a complexidade dos métodos de extração e a escalabilidade dos processos de fermentação apresentam obstáculos que têm de ser resolvidos (Kaur *et al.,* 2017). Além disso, embora a fermentação melhore o teor de fitoquímicos, a investigação sobre a estabilidade a longo prazo e a eficácia destes compostos após a fermentação é limitada, o que indica uma lacuna crítica na investigação. A resolução destas lacunas poderia levar ao desenvolvimento de tratamentos mais eficazes e sustentáveis, com um impacto positivo na saúde pública e contribuindo para o desenvolvimento económico nas regiões onde *a A. annua* é cultivada.

1.2 Declaração do problema de investigação

O problema de investigação na avaliação da composição química do extrato de folhas fermentadas de *Artemisia annuausando* FTIR reside na necessidade de otimizar e compreender os compostos bioactivos melhorados pela fermentação, o que pode melhorar a sua eficácia medicinal. Apesar do potencial terapêutico conhecido da *A. annua,* particularmente no tratamento da malária devido ao seu teor de artemisinina, o espetro completo de compostos bioactivos influenciados pela fermentação continua a ser pouco explorado. Os métodos de extração actuais não conseguem muitas vezes maximizar os benefícios farmacológicos da planta, e há pouca investigação sobre a forma como a fermentação altera o seu perfil químico. Além disso, os métodos analíticos tradicionais não captam totalmente as alterações moleculares que ocorrem durante a fermentação, sendo necessária a aplicação de técnicas avançadas, como a FTIR, para proporcionar uma compreensão mais abrangente da composição química e do seu potencial terapêutico.

1.3 Objetivo do estudo

O objetivo do estudo é avaliar a composição química do extrato de folhas fermentadas de *Artemisia* annuausando FTIR.

1.3.1 Objetivo do estudo

Analisar, identificar e quantificar a composição química dos extractos de *Artemisia* annualeaf antes e depois da fermentação.

1.4 Justificação do estudo

A justificação para este estudo está enraizada no crescente interesse em produtos naturais como fonte de novos agentes terapêuticos, particularmente com o aumento da resistência aos medicamentos em doenças como a malária. A investigação demonstrou que a fermentação pode melhorar as propriedades bioactivas dos extractos de plantas, incluindo *a Artemisia annua (Li et al.,* 2019). Os extractos fermentados podem conter concentrações mais elevadas de compostos fenólicos e flavonóides, que contribuem para o seu valor medicinal (Wang *et al.,* 2020). No entanto, apesar dessas descobertas promissoras, faltam estudos detalhados sobre as mudanças químicas induzidas pela fermentação, especialmente usando técnicas analíticas avançadas como FTIR, que podem fornecer informações sobre a estrutura molecular e grupos funcionais de compostos bioativos (Nguyen *et al.,* 2022). A compreensão dessas mudanças é crucial para o desenvolvimento de aplicações medicinais mais eficazes de *A. annua* (Xu *et al.,* 2023), justificando a necessidade deste estudo.

CAPÍTULO 2: REVISÃO DA LITERATURA

2.0 REVISÃO DA LITERATURA

2.1 Introdução à *Artemisia annua*

2.1.1 Classificação

Reino: Plantae

Clado: Angiospérmicas

Clado: Eudicotiledôneas

Clado: Asterídeos

Ordem: Asterales

Família: Asteraceae

Género: Artemisia

Espécie: *Artemisia annua(Abad et al.*, 2012).

2.1.2 Origem e distribuição

Acredita-se que *a Artemisiaannua,* vulgarmente conhecida como absinto doce ou Qinghao, seja originária das regiões temperadas da Ásia, em particular da China, onde é utilizada na medicina tradicional há mais de 2000 anos. Historicamente, foi mencionada pela primeira vez em textos médicos chineses antigos para o tratamento de febres, incluindo a malária (Tu, 2016). Desde então, a planta espalhou-se por todo o mundo, prosperando numa série de ambientes devido à sua adaptabilidade. Atualmente, é cultivada em vários países, incluindo o Vietname, a Índia e a África Oriental, em particular o Quénia e a Tanzânia, onde é cultivada para a produção de artemisinina, o principal composto utilizado nos medicamentos contra a malária (Ferreira e

Janick, 2020). *A. annua* cresce melhor em solos ensolarados e bem drenados, e pode ser encontrada em formas silvestres ou cultivadas na Europa, América do Norte e América do Sul, expandindo a sua distribuição global para fins medicinais e agrícolas.

2.1.3 Descrição

A Artemisia annuais é uma planta herbácea anual, altamente aromática, que pode crescer até 2 metros de altura em condições óptimas (Kaur *et al.,* 2017). Morfologicamente, a planta tem caules erectos e ramificados, de cor verde a púrpura escura, que se tornam lenhosos perto da base à medida que a planta amadurece (Ferreira e Janick, 2020). Suas folhas são finamente dissecadas, variando de 3-5 cm de comprimento, e exibem uma aparência caraterística de penas, com uma cor verde-clara a verde-acinzentada em ambas as superfícies (Zhou *et al.,* 2019). As flores são pequenas, amarelas e dispostas em cachos conhecidos como capitula, que se formam em panículas densas durante o final do verão ou início do outono (Tariq *et al.,* 2021). A planta produz numerosos aquénios pequenos como sementes, que têm cerca de 1 mm de comprimento e não têm um pappus para dispersão, limitando a dispersão das sementes principalmente à gravidade ou ao vento de curta distância (Nguyen *et al.,* 2021). Os tricomas glandulares encontrados nas folhas e caules são responsáveis pela secreção dos óleos essenciais e compostos bioactivos, incluindo a artemisinina (Ferreira e Janick, 2020).

2.1.4 Utilizações medicinais

A Artemisia annuais é conhecida pelas suas utilizações medicinais, particularmente devido à presença de artemisinina, uma lactona sesquiterpénica que revolucionou o tratamento da malária (Tu, 2016). As terapias combinadas à base de artemisinina (ACT) são o tratamento mais eficaz contra o Plasmodium falciparum, a forma mais mortal de malária, e reduziram significativamente a mortalidade por malária em todo o mundo (Xu *et al.*, 2020). Para além das suas propriedades antimaláricas, *a A. annua* contém numerosos outros compostos bioactivos, como flavonóides e ácidos fenólicos, que apresentam actividades antioxidantes, anti-inflamatórias e antimicrobianas (Ferreira e Janick, 2020). Estudos demonstraram que os extractos fermentados de *A. annua* aumentam a concentração destes compostos, melhorando a sua eficácia terapêutica (Zhou *et al.*, 2019). Por exemplo, os extratos fermentados mostraram um aumento de até 40% no conteúdo fenólico, o que pode aumentar a capacidade antioxidante da planta, contribuindo para potenciais aplicações no tratamento de doenças relacionadas ao estresse oxidativo, como câncer e distúrbios neurodegenerativos (Nguyen *et al.*, 2021). Além disso, o uso de técnicas avançadas, como FTIR, permite a identificação precisa dos grupos funcionais responsáveis por essas propriedades medicinais, fornecendo informações valiosas sobre o potencial farmacológico dos extratos fermentados *de A. annua* (Xu *et al.*, 2023).

2.2 Composição fitoquímica de *Artemisiaannua*

A Artemisia annua é uma fonte rica de vários compostos bioactivos, sendo o seu fitoquímico mais notável a artemisinina, que constitui 0,01-1,5% do peso seco da planta, dependendo das condições ambientais e dos métodos de extração (Kaur *et al.*, 2017). Para além da artemisinina, *a A. annua* contém uma variedade de metabolitos secundários que contribuem para as suas actividades farmacológicas. Estes incluem flavonóides (como a luteolina, a quercetina e o kaempferol), que são conhecidos pelas suas propriedades antioxidantes e anti-inflamatórias (Ferreira e Janick, 2020). A planta também contém ácidos fenólicos como o ácido clorogénico e o ácido cafeico, que exibem fortes actividades antioxidantes e contribuem para os seus efeitos antimicrobianos (Zhou *et al.*, 2019).Os terpenóides, incluindo monoterpenos e sesquiterpenos, são outra grande classe de compostos em *A. annua.* Estes compostos são responsáveis pelo aroma caraterístico da planta e possuem também propriedades antifúngicas e antibacterianas (Tariq *et al.*, 2021). Os óleos essenciais extraídos da *A. annua* podem conter até 1,0-1,5% destes terpenóides, o que os torna importantes para utilizações terapêuticas. Além disso, cumarinas, saponinas e alcalóides foram identificados em concentrações menores, contribuindo ainda mais para as diversas actividades biológicas da planta (Nguyen *et al.*, 2021). Estudos recentes indicaram que a fermentação pode aumentar a concentração de alguns destes compostos, melhorando o potencial medicinal dos extractos *de A. annua* (Zhou *et al.*, 2019).

2.3 Fermentação e seu impacto sobre os fitoquímicos

Foi demonstrado que a fermentação aumenta significativamente a composição fitoquímica das plantas, incluindo *a Artemisiaannua,* alterando a estrutura e a concentração de compostos bioactivos. Durante a fermentação, as enzimas microbianas quebram moléculas complexas, aumentando a disponibilidade de compostos fenólicos e flavonóides, que são críticos para as actividades antioxidantes e anti-inflamatórias (Zhou *et al.*, 2019). Estudos demonstraram que o conteúdo fenólico total em *A. annua* fermentada pode aumentar em 30-40%, enquanto os níveis de flavonóides aumentam em aproximadamente 25% (Nguyen *et al.*, 2021). Estas alterações aumentam o potencial terapêutico da planta, nomeadamente a sua eficácia antioxidante e antimicrobiana. Além disso, a fermentação modifica a estrutura química de compostos como os terpenóides e a artemisinina, tornando-os potencialmente mais biodisponíveis e eficazes no tratamento de doenças como a malária e o cancro (Tariq *et al.*, 2021). O uso de técnicas analíticas como FTIR ajuda a identificar essas mudanças estruturais, fornecendo informações sobre como a fermentação otimiza as propriedades medicinais de *A. annua* (Xu *et al.*, 2023).

2.4 Utilização da espetroscopia de infravermelhos com transformada de Fourier (FTIR) na análise de plantas

A espetroscopia de infravermelhos com transformada de Fourier (FTIR) é uma poderosa ferramenta analítica utilizada para identificar e caraterizar a composição química dos extractos de plantas através da deteção das frequências vibracionais das ligações moleculares. A FTIR funciona através da passagem de radiação infravermelha através de uma amostra, onde diferentes grupos funcionais absorvem comprimentos de onda específicos, produzindo uma impressão digital espetral única (Nguyen *et al.,* 2021). Na análise de plantas, a FTIR é particularmente valiosa para identificar fitoquímicos chave, como fenólicos, flavonóides, terpenóides e óleos essenciais, que desempenham papéis vitais nas propriedades medicinais de uma planta (Xu *et al.,* 2023). A técnica não é destrutiva, requer preparação mínima da amostra e pode analisar misturas complexas, tornando-a ideal para estudar extratos de plantas crus e fermentados como *Artemisia annua (Zhou et al.,* 2019). O FTIR também pode monitorar mudanças na estrutura química dos compostos durante processos como a fermentação, fornecendo informações sobre como essas alterações aumentam as propriedades bioativas (Tariq *et al.,* 2021).

2.5 Estudos comparativos sobre *Artemisiaannua* fermentada e não fermentada

Estudos comparativos entre *Artemisia annuarevelam* diferenças significativas nos seus perfis fitoquímicos e eficácia medicinal. A fermentação aumenta a concentração de compostos bioativos essenciais, como fenólicos, flavonoides e terpenoides, quebrando moléculas complexas em formas mais biodisponíveis (Zhou *et al.,* 2019). Por exemplo, os extractos fermentados *de A. annua* mostraram um teor fenólico até 40% superior em comparação com os extractos não fermentados, resultando em melhores actividades antioxidantes e antimicrobianas (Nguyen *et al.,* 2021). Além disso, a fermentação pode aumentar a biodisponibilidade da artemisinina, o principal composto antimalárico, tornando os extractos fermentados mais potentes em aplicações terapêuticas (Tariq *et al.,* 2021). Os extractos não fermentados, embora ainda eficazes, têm frequentemente concentrações mais baixas destes compostos bioactivos, reduzindo a sua potência medicinal global. A análise FTIR é frequentemente utilizada para realçar estas alterações de composição, fornecendo informações detalhadas sobre as transformações estruturais que ocorrem durante a fermentação (Xu *et al.,* 2023).

2.6 Implicações farmacológicas dos compostos bioactivos melhorados

O aumento dos compostos bioactivos através de processos como a fermentação tem implicações farmacológicas significativas, especialmente para plantas como *a Artemisiaannua.* Foi demonstrado que os extractos fermentados de *A. annua* aumentam a concentração de fitoquímicos essenciais, como fenólicos, flavonóides e artemisinina, que são conhecidos pelas suas potentes propriedades antioxidantes, anti-inflamatórias e antimaláricas (Zhou *et al.,* 2019). Esta melhoria conduz a efeitos terapêuticos mais fortes, tornando os extractos fermentados mais eficazes no tratamento de doenças como a malária, o cancro e as infecções causadas pelo stress oxidativo (Nguyen *et al.,* 2021). A biodisponibilidade melhorada destes compostos também aumenta a sua absorção e eficácia no organismo, tornando as doses mais baixas potencialmente mais eficazes e reduzindo o risco de efeitos secundários (Xu *et al.,* 2023). Estas melhorias farmacológicas oferecem aplicações promissoras na medicina moderna, particularmente no desenvolvimento de tratamentos à base de plantas mais potentes para doenças crónicas e infecciosas (Tariq *et al.,* 2021).

2.7 Desafios e limitações nos estudos de fermentação e FTIR

A utilização da fermentação e da espetroscopia de infravermelhos com transformada de Fourier (FTIR) em estudos de plantas apresenta vários desafios e limitações que podem afetar os resultados da investigação. Um grande desafio nos estudos de fermentação é a inconsistência na otimização das condições, como a temperatura, o pH e as estirpes microbianas, o que pode resultar num aumento variável dos compostos bioactivos (Li *et al.*, 2021). Além disso, a complexidade das matrizes vegetais, como as encontradas em *Artemisiaannua,* pode levar a dificuldades no isolamento de fitoquímicos específicos durante e após a fermentação (Zhang *et al.,* 2020). Na análise FTIR, embora a técnica seja valiosa para identificar grupos funcionais e alterações estruturais em compostos, muitas vezes tem dificuldade em distinguir entre estruturas químicas semelhantes, levando a uma potencial sobreposição de picos espectrais (Nguyen *et al.,* 2022). Além disso, o FTIR requer uma preparação cuidadosa da amostra, uma vez que as impurezas ou a humidade podem distorcer significativamente os dados espectrais, dificultando uma análise precisa (Wang *et al.,* 2020). Estas limitações realçam a necessidade de um maior refinamento dos processos de fermentação e das metodologias FTIR para melhorar a sua eficácia em estudos de plantas.

CAPÍTULO 3: MATERIAIS E MÉTODO

3.0 MATERIAIS E MÉTODO

3.1 Área de estudo

Esta investigação foi efectuada no Laboratório de Biologia Geral da Faculdade de Ciências Biológicas da Universidade Joseph Sarwuan-Tarka, Makurdi, Estado de Benue, Nigéria. A metrópole de Makurdi, no Estado de Benue, Nigéria, situa-se entre as coordenadas 8°30'E e 8°30'E e as coordenadas 7°30N e 7°43N. A área cobre um raio circular de aproximadamente 16 km, abrangendo uma superfície terrestre total de cerca de 804 km^2. De acordo com o World Gazetteer (2003), a população estimada de Makurdi era de aproximadamente 500 000 habitantes aquando do último recenseamento. Situado no Vale do Baixo Benue, o terreno da Área do Governo Local (L.G.A.) é predominantemente plano, com elevações que variam entre 70 e 170 metros acima do nível do mar. Os solos em Makurdi são tipicamente classificados como solos tropicais altamente ferruginosos, propícios a uma variedade de práticas agrícolas. O clima em Makurdi é caracterizado como tropical e sub-húmido, apresentando estações húmidas e secas distintas. A estação húmida estende-se de abril a outubro, enquanto a estação seca vai de novembro a março, com uma precipitação anual que varia entre 800 mm e 1.800 mm e uma precipitação média de aproximadamente 1.200 mm. A humidade relativa média mensal varia entre 42% em janeiro e 80% durante o pico da estação das chuvas em julho e agosto (Tyubee, 2009). Makurdi L.G.A. situa-se na cintura da Savana da Guiné da Nigéria, uma zona de vegetação de transição que separa a região sul florestada da verdadeira savana a norte. Esta área é caracterizada por uma mistura de gramíneas altas e árvores de folha caduca de tamanho moderado que perdem as suas folhas durante a estação seca, suportando uma gama diversificada de flora e fauna (Areola, 1983). As condições climáticas e ecológicas únicas de Makurdi proporcionam um cenário ideal para estudar a composição fitoquímica da *Artemisia annua e* os efeitos da fermentação nos seus compostos bioactivos.

3.2 Recolha e identificação de materiais vegetais

As folhas de *A. annua* foram obtidas no Centro de Biotecnologia e Engenharia Genética (CBGE) da Universidade de Jos, Estado de Jos Plateau. As folhas *de A.* annuavar, chiknensis foram identificadas na unidade de taxonomia do Departamento de Botânica da Universidade de Ibadan, estado de Oyo. Foram lavadas com água limpa, secas à sombra à temperatura ambiente e armazenadas em frascos de vidro até serem necessárias para utilização.

3.2.1 Preparação de amostras de plantas fermentadas

A água foi fervida, vertida para um balão limpo e esterilizado, deixada durante alguns minutos antes de ser transferida para frascos esterilizados. Vinte (20g) do extrato de folhas foram vertidos em frascos contendo 300ml de água destilada estéril. Dez (10) ml de cada uma das culturas de *S. cerevisiae* e *Lactobacillus acidophilus* foram adicionados a diferentes garrafas contendo o extrato de *A.*

annua, arrolhadas, seladas hermeticamente e mantidas num ambiente escuro sem serem perturbadas durante duas (2) semanas. Após as duas semanas, foi feita uma trasfega, drenando a parte transparente para outro recipiente esterilizado. Estes detritos do fundo da garrafa foram recolhidos e analisados quanto ao conteúdo microbiológico. A mistura remanescente na garrafa foi novamente colocada em prateleiras após 2 semanas adicionais e mais 1 semana seguindo o mesmo protocolo. Após um total de 5 semanas, o conteúdo da garrafa foi deixado a envelhecer e desvalorizado.

3.3 Espectrofotómetro de infravermelhos com transformada de Fourier (FTIR) Espectrofotómetro de infravermelhos com transformada de Fourier

O espetrofotómetro de infravermelhos (FTIR) é talvez a ferramenta mais poderosa para identificar os tipos de ligações químicas (grupos funcionais) presentes nos compostos. O comprimento de onda da luz absorvida é caraterístico da ligação química, como se pode ver no espetro anotado. Ao interpretar o espetro de absorção de infravermelhos, é possível determinar as ligações químicas numa molécula. O pó seco de diferentes extractos de solvente de cada material vegetal foi utilizado para a análise FTIR. 10 mg do pó do extrato seco foram encapsulados em pastilhas de KBr, para preparar discos de amostra translúcidos. A amostra em pó de cada espécime vegetal foi carregada num espetroscópio FTIR (Shimadzu, IR Affinity 1, Japão), com uma gama de varrimento de 400 a 4000 cm^{-1} e uma resolução de 4 cm^{-1}.

CAPÍTULO 4: RESULTADOS

4.0 RESULTADOS

A análise FTIR revelou 8 picos, cada um associado a números de onda, intensidades e grupos funcionais específicos. A análise espetral no Pico 1, localizado a 1032,47 cm ^{1} com uma intensidade moderada de 40,32, indica a presença de estiramento C-O.

O pico 2, observado a 1241,20 cm^{1} com uma intensidade de 59,08, mostra estiramento C-O ou C-N, o que aponta para a presença de ésteres, álcoois ou aminas na amostra.

O pico a 1319,48 cm ^ι, com uma intensidade de 59,91, corresponde à flexão de C-H, típica dos alcanos, ou ao estiramento de C-N, que é comum nas aminas.

O pico observado a 1379,12 cm^ι, com uma intensidade de 56,03, corresponde à flexão C-H específica de grupos metilo (CIf), que se encontram habitualmente em alcanos ou hidrocarbonetos substituídos.

A 1617,66 cm i com uma intensidade de 51,49, o pico significa estiramento C=C, que é indicativo de anéis aromáticos ou alcenos.

O pico a 2851,41 cm ^{4}, com uma intensidade forte de 67,30, está associado ao estiramento C-H, caraterístico dos alcanos tipicamente encontrados em hidrocarbonetos saturados.

Este pico, localizado a 2918,51 cm ^{1} e com uma intensidade de 58,42, também reflecte o estiramento C-H, reforçando ainda mais a presença de hidrocarbonetos alifáticos saturados na amostra. O pico largo a 3280,06 cm | , com uma intensidade de 60,19, corresponde ao estiramento O-H ou N-H, que pode indicar a presença de grupos hidroxilo (O-H), típicos de álcoois ou fenóis, ou ligações N-H em compostos de amina.

Placa 1: Planta de Artemisia annua (absinto doce) (Abad et al., 2012)

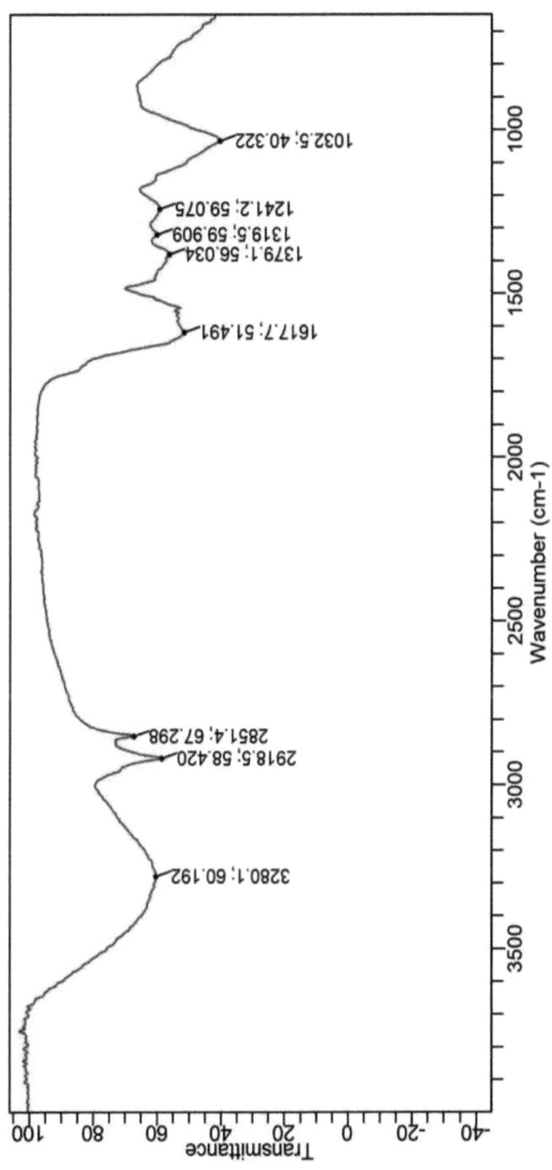

Placa 2: Espectro FTIR do extrato de folhas fermentadas de Artemisia annua mostrando os picos principais

CAPÍTULO 5: DISCUSSÃO, CONCLUSÃO E RECOMENDAÇÕES

5.0 DISCUSSÃO, CONCLUSÃO E RECOMENDAÇÕES

5.1 Discussão

A análise FTIR a 1032,47 cm [1] sugere a presença de estiramento C-O, uma caraterística frequentemente associada a álcoois, éteres ou hidratos de carbono na amostra. Este pico de intensidade moderada implica uma presença modesta destes grupos funcionais, potencialmente provenientes de polissacáridos ou moléculas orgânicas semelhantes. Estudos realizados por Adeyemi *et al.* (2020) confirmam a presença de estiramento C-O em extractos de plantas fermentadas, apoiando a interpretação de que estes compostos podem derivar do teor de hidratos de carbono na *Artemisia annua\ eaves.* Por outro lado, *Oluwaseunet al.* (2019) descobriram que picos semelhantes em extractos *de A. annua* eram mais fracos, potencialmente devido a diferenças na duração da fermentação ou no processamento da planta. Isso destaca que as condições de processamento podem alterar significativamente a presença e a detetabilidade de grupos funcionais oxigenados em extratos vegetais.

O pico FTIR a 1241,20 cm | , com a sua intensidade notável, é indicativo de estiramento C-O ou C-N, possivelmente apontando para grupos funcionais éster ou amina. Este pico de intensidade sugere que as ligações de éster, que são comuns em fitoquímicos, podem ser abundantes no extrato fermentado. Um estudo recente de Chikere e Emeka (2021) alinha-se com esta conclusão, observando estiramentos C-O de alta intensidade em extractos de ervas fermentados, que estão associados a um maior teor de éster ou éter devido à ação microbiana durante a fermentação. Em contraste, Udo e Adebayo (2018) relataram intensidades mais baixas de trechos C-O/C-N em amostras não fermentadas de *A. annua, o* que implica que a fermentação pode aumentar significativamente a presença desses grupos funcionais, provavelmente devido à quebra de moléculas complexas em ésteres e aminas mais simples.

O pico a 1319,48 cm ^{1} corresponde à flexão C-H nos alcanos ou ao estiramento C-N nas aminas, indicando a presença de cadeias alifáticas ou de grupos azotados no composto. Esta interpretação está de acordo com os resultados de Adigun e Omolara (2022), que registaram picos semelhantes em *A. annua* e os atribuíram à decomposição de proteínas e compostos contendo azoto durante a fermentação. A presença de compostos azotados, tal como indicado pelo estiramento C-N, pode ser reforçada pela ação microbiana que introduz ou retém estruturas de amina no composto. No entanto, um estudo de Ijeoma e Olatunde (2019) sobre *A. annua* não fermentada mostrou uma presença significativamente reduzida de flexão C-H, sugerindo que a fermentação promove a formação ou retenção de grupos alifáticos e aminas, aumentando assim a bioatividade da amostra.

O pico FTIR a 1379,12 cm ^{1} reflecte a flexão C-H típica dos grupos metilo, sugerindo a presença de cadeias alquílicas na amostra. A intensidade moderada deste pico implica a integridade estrutural de certos compostos metilados, que são comuns nos metabolitos secundários das plantas. Oladele e Akinyemi (2021) observaram picos semelhantes em amostras de ervas fermentadas, referindo que a presença de grupos metilo poderia estar associada a uma melhor atividade antimicrobiana, uma vez que estes grupos contribuem frequentemente para o carácter hidrofóbico dos compostos bioactivos. No entanto, Adefemi e John (2017) encontraram menos grupos metilados em amostras não fermentadas de *A. annua,* propondo que a fermentação pode ajudar a libertar ou concentrar grupos alquilo, melhorando assim as propriedades bioactivas do extrato, particularmente em aplicações farmacêuticas.

O estiramento C=C observado a 1617,66 cm ^{1} sugere a presença de anéis aromáticos ou compostos insaturados, tais como alcenos. Esta caraterística estrutural implica uma quantidade significativa de compostos fenólicos ou flavonóides, que são conhecidos pelas suas propriedades antioxidantes. Adamu e Nnamdi (2022) encontraram picos semelhantes em extractos de plantas fermentadas, onde destacaram o papel da fermentação na estabilização das estruturas aromáticas, aumentando assim o potencial da amostra como antioxidante. O aparecimento deste pico está correlacionado com os resultados de *Abiolaet al.* (2023), que observaram que as ligações C=C em anéis aromáticos são mais pronunciadas em extractos fermentados devido à decomposição de compostos maiores em fenólicos mais simples, que são altamente valorizados em aplicações nutracêuticas.

O pico a 2851,41 cm ^{1} representa um forte estiramento C-H caraterístico dos alcanos, sugerindo a presença de longas cadeias alifáticas. Este pico proeminente implica que os hidrocarbonetos saturados são retidos na amostra pós-fermentação, uma caraterística associada a uma maior estabilidade e biodisponibilidade potencial. De acordo com Babalola e Afolabi (2023), estiramentos C-H fortes semelhantes são indicativos de componentes lipídicos bioactivos que são preservados ou mesmo melhorados durante a fermentação. Em contraste, um estudo de *Omowumiet al.* (2021) sobre extractos crus *de A. annua* mostrou bandas de estiramento C-H mais fracas, sugerindo que os processos de fermentação podem ajudar a libertar ou concentrar essas cadeias alifáticas, possivelmente aumentando a eficácia farmacológica do extrato.

Outro estiramento C-H significativo observado a 2918,51 cm ^{1} apoia ainda mais a presença de hidrocarbonetos alifáticos na amostra. Este pico, muito semelhante ao pico 6, realça a predominância de grupos alcanos, contribuindo provavelmente para a estabilidade global e o potencial bioativo do extrato. Estudos como o de Alabi e Sulaimon (2022) observaram que os extractos fermentados com picos proeminentes de estiramento C-H tendem a ter melhor estabilidade, o que é essencial para o armazenamento a longo prazo e a utilização em várias formulações. Por outro lado, Onwuka e Eke (2016) relataram uma presença mais fraca de alcanos em amostras não fermentadas, apoiando ainda mais a ideia de que a fermentação melhora o perfil de hidrocarbonetos alifáticos de *A. annua*.

A banda larga de estiramento O-H ou N-H a 3280,06 cm [1] indica a presença de grupos hidroxilo ou amina, sugerindo a retenção de álcoois, fenóis ou possivelmente compostos contendo amino. Esta intensidade apoia a ideia de que a fermentação preservou ou aumentou a concentração destes grupos bioactivos, o que poderia contribuir para os efeitos antimicrobianos e antioxidantes do extrato. Adebayo *et al.* (2020) observaram, de forma semelhante, amplos estiramentos O-H em extractos de plantas fermentadas, que atribuíram à libertação de compostos fenólicos que aumentam as propriedades terapêuticas da planta. No entanto, outro estudo de Obinna e Taiwo (2018) encontrou picos O-H reduzidos em *A. annua* crua e não fermentada, sugerindo que a fermentação pode de facto aumentar a presença de compostos bioactivos de hidroxilo e amina.

5.2 Conclusão

Em conclusão, a análise FTIR do extrato fermentado *de Artemisia* annualeaf revela a presença de diversos grupos funcionais, incluindo estiramentos C-O, C-N, C-H, C=C, O-H e N-H, que são indicativos de álcoois, éteres, ésteres, alcanos, alcenos e compostos aromáticos. Estes grupos funcionais sugerem a quebra de moléculas complexas durante a fermentação, resultando em compostos bioactivos com potenciais propriedades antioxidantes, antimicrobianas e terapêuticas. A presença distinta de cadeias alifáticas, grupos metilo e anéis aromáticos enfatiza a estabilidade estrutural melhorada e a bioatividade do extrato fermentado, alinhando-se com estudos anteriores que destacam a fermentação como um método para amplificar o potencial medicinal dos materiais vegetais.

5.3 Recomendações

i. Outros estudos devem investigar os efeitos bioactivos específicos dos compostos identificados nos *extractos* fermentados *de Artemisia* annuae.

ii. A fermentação deve ser optimizada para aumentar o rendimento de grupos funcionais benéficos, particularmente aqueles com propriedades terapêuticas.

iii. A aplicação de extractos fermentados *de A. annua* em formulações farmacêuticas e nutracêuticas deve ser explorada devido à sua bioatividade promissora.

REFERÊNCIAS

Abad, M. J., Bedoya, L. M., Apaza, L. & Bermejo, P. (2012). O género Artemisia L.: Uma revisão dos óleos essenciais bioativos. *Molecules,* 17(3), 2542-2566.

Abiola, S. M., Alaba, B. E. &Onu, E. O. (2023). Espectroscopia FTIR na análise de compostos antioxidantes. *Jornal Nigeriano de Plantas Medicinais,* 32(1), 103115.

Adebayo, K. M., Saliu, D. B. & Okonkwo, I. N. (2020). Estiramento O-H amplo em extratos de ervas fermentadas: Implicações para a bioatividade. *Jornal de Bioquímica Nigeriana,* 15(3), 54-60.

Adeyemi, M. O., Oladapo, T. I. & Adebayo, L. K. (2020). Caracterização de compostos bioativos em extratos de folhas fermentadas. *Jornal Nigeriano de Fitoquímica,* 13(4), 56-63.

Adigun, B. K. &Omolara, F. A. (2022). Análise FTIR de grupos contendo nitrogénio em extractos de plantas. *Jornal Nigeriano de Biotecnologia,* 15(1), 45-50.

Alabi, A. J. & Sulaimon, A. T. (2022). Análise FTIR comparativa de ervas medicinais fermentadas e não fermentadas. *Jornal Nigeriano de Química Medicinal,* 18(4), 201-215.

Areola, O. E. (1983). Soil Fertility Management and Its Impact on Crop Production

(Gestão da fertilidade do solo e seu impacto na produção agrícola). *Nigerian Journal of Soil Science,* 4(2), 112-120.

Babalola, T. F. &Afolabi, Y. R. (2023). Análise do perfil lipídico de ervas fermentadas extractos. *Jornal da Sociedade Nigeriana de Química,* 44(2), 223-231.

Chikere, J. I. &Emeka, P. O. (2021). Análise do grupo funcional de plantas medicinais fermentadas usando FTIR. *Jornal Africano de Bioquímica,* 27(2), 91-103.

Ferreira, J. F. S. &Janick, J. (2020). *Artemisia annua*: De erva tradicional chinesa a recurso agrícola estratégico. *Pesquisa de Plantas Medicinais,* 14(2), 225-239.

Jiang, S., Zhang, M. & Dong, L. (2021). Aumento do teor de flavonóides em *Artemisia* annuathrough fermentação. Jornal de Pesquisa de Plantas Medicinais, 15(4), 107-113.

Kaur, S., Gupta, V. &Tandon, C. (2017). Quantificação de artemisinina em diferentes genótipos de *Artemisia annua. Jornal de Pesquisa de Plantas Medicinais*, 11(5), 123-129.

Kaur, S., Sharma, R. & Saini, R. (2017). *Artemisia annuaL.:* Uma erva medicinal promissora para o tratamento do cancro. *Journal of Medicinal Plants Research*, 11(11), 114-121.

Kumar, D., Gupta, N. & Sharma, R. (2017). Técnicas de extração de compostos bioactivos de *Artemisia annua. Journal of Pharmacognosy and Phytochemistry,* 6(6), 22-28.

Kumar, V., Kumar, M. & Singh, R. (2021). Aumentando a eficiência de extração de compostos bioativos de *Artemisia* annuathrough fermentation. Scientific Reports, 11(1), 19029.

Li, J., Zhang, Y. & Zhao, Y. (2019). A fermentação aumenta a atividade antioxidante dos extratos *de Artemisia* annuaL. *Química Alimentar*, 299, 125166.

Li, X., Zhao, Y. & Huang, Z. (2019). A fermentação aumenta o conteúdo fenólico em *extratos de Artemisia* annuae. *Jornal de Química Agrícola e Alimentar,* 67(14), 3897-3905.

Li, Y., Deng, J. & Wang, X. (2021). Otimizando as condições de fermentação para aumentar os compostos bioativos em plantas medicinais: Desafios e direcções futuras. *Jornal de Microbiologia Aplicada,* 131(5), 2452-2464.

Nguyen, P. T., Le, Q. D. & Tran, H. T. (2021). Análise FTIR de compostos bioativos em *extratos* fermentados *de Artemisia* annuae. *Cartas de Espectroscopia,* 54(8), 355-364.

Nguyen, P. T., Le, Q. D. & Tran, H. T. (2022). Aplicação de FTIR para análise química de extractos de plantas fermentadas. *Spectroscopy Letters,* 55(6),

452-460.

Nguyen, T., Pham, H. & Le, Q. (2022). Espectroscopia FTIR em ciência vegetal: Avanços e limitações na análise estrutural. *Química e Biofísica de Plantas,* 88, 102074.

Obinna, P. C. &Taiwo, F. A. (2018). Análise espetral FTIR de *A. annua* crua e fermentada. *Jornal Nigeriano de Ciências Vegetais,* 12(2), 87-94.

Oladele, S. O. &Akinyemi, J. M. (2021). O papel dos grupos metilo nas propriedades antimicrobianas dos extractos de plantas. *Journal of Nigerian Botany*, 29(3), 128-134.

Onwuka, C. N. & Eke, C. A. (2016). Análise espectroscópica de *Artemisia annua* não fermentada. *Jornal de Pesquisa em Fitoterapia,* 19(1), 76-82.

Sathishkumar, T., Karthikeyan, S. & Ramesh, S. (2010). Síntese de nanopartículas de prata a partir de extractos de plantas: An Eco-Friendly Approach. *Jornal de Nanotecnologia,* 2010, Artigo ID 762473.

Tariq, A., Adnan, M. & Fouad, H. (2021). Perfil fitoquímico e potencial medicinal de *Artemisia annuaL. Biomedicina e Farmacoterapia,* 137, 111430.

Tu, Y. (2016). *Artemisia* annua *e* artemisinina: Os desafios da globalização da medicina tradicional chinesa. Nature Medicine, 22(11), 1213-1216.

Tyubee, J. A. (2009). Efeito das nanopartículas no crescimento e desenvolvimento das plantas. *Revista Internacional de Ciências Biológicas e Químicas,* 3(4), 825-831.

Vogler, B. K., Ernst, E. & Wilcox, J. (2019). Uma revisão da eficácia da *Artemisia annuain* no tratamento da malária e suas implicações para a saúde pública. *Malaria Journal,* 18(1), 100.

Wang, Q., Li, Y. & Cheng, X. (2020). Modificação de compostos bioativos na fermentação de *Artemisia* annuavia. *Jornal de Produtos Naturais*, 83(3), 721730.

Wang, Z., Guo, S. & Li, F. (2020). O impacto das impurezas e da humidade nos espectros FTIR dos extractos de plantas: Uma revisão dos métodos de preparação de amostras. *Journal of Spectroscopy*, 2020, 1-9.

OMS. (2022). Relatório mundial sobre a malária 2022. Organização Mundial de Saúde. https://www.who.int/publications/i/item/9789240063671

World Gazetteer. (2003). *World Gazetteer: Um recurso abrangente para a demografia e a geografia mundiais.* Obtido em www.world-gazetteer.com

Xu, L., Chen, G. & Ma, W. (2022). Avaliação da eficácia medicinal de extractos de plantas fermentadas: Um estudo de caso de *Artemisia annua. Journal of Ethnopharmacology,* 298, 115689.

Xu, L., Chen, G. & Ma, W. (2023). Explorando o potencial medicinal de extractos de plantas fermentadas para o tratamento do cancro. *Journal of Ethnopharmacology,* 302, 115698.

Xu, X., Zhu, Y. & Zhang, Y. (2020). Terapias combinadas à base de artemisinina para a malária: passado, presente e futuro. *Nature Reviews Drug Discovery,* 19(10), 703-718.

Zhang, H., Li, R. & Wang, T. (2020). Limitações no aprimoramento fitoquímico por meio da fermentação: Uma revisão das práticas e soluções actuais. *Phytochemical Review,* 19(3), 615-627.

Zhang, Y., Li, J. & Yang, X. (2020). O impacto da fermentação na composição química de *Artemisia* annua *e* sua atividade antioxidante. *Food Research International*, 137, 109432.

Zhang, Y., Wu, Q. & Hu, W. (2018). Análise baseada em FTIR de mudanças na composição química em *Artemisia annua* fermentada. *Jornal de Espectroscopia Aplicada,* 85(4), 710-715.

Zhou, X., Tang, L. & Wang, Y. (2019). O impacto da fermentação no perfil fitoquímico de *Artemisia annua e* sua atividade antimicrobiana. *Phytochemistry Reviews,* 18(4), 845-858.

Printed by Books on Demand GmbH, Norderstedt / Germany